PREUSSISCHE AKADEMIE DER WISSENSCHAFTEN

VORTRÄGE UND SCHRIFTEN

HEFT 21

DAS PLANCKSCHE WIRKUNGSQUANTUM

VON

PROF. DR. WERNER HEISENBERG

BERLIN 1945

VERLAG WALTER DE GRUYTER & CO

VORMALS G. J. GÖSCHEN'SCHE VERLAGSHANDLUNG · J. GUTTENTAG, VERLAGS-BUCHHANDLUNG · GEORG REIMER · KARL J. TRÜBNER · VEIT & COMP.

Printed in Germany
Druck von Walter de Gruyter & Co., Berlin W 35
Archiv Nr. 345845

Meine Damen und Herren! Vor wenigen Tagen waren, wie Sie gehört haben, gerade 50 Jahre vergangen, seit Max Planck als ordentliches Mitglied in die Preußische Akademie der Wissenschaften aufgenommen worden ist. In die Zeit dieser 50 Jahre fallen die Vorarbeiten Plancks über das Problem der Wärmestrahlung[1], seine berühmte Entdeckung des Strahlungsgesetzes[2] und des Wirkungsquantums[3], die ersten Erfolge der Quantentheorie bei den lichtelektrischen Erscheinungen[4], ihr Siegeszug bei der Erklärung des Atombaues und der Spektrallinien[5, 6] und schließlich die erkenntnistheoretische Wendung[7, 8] in den Grundlagen der Physik, die wir der Planckschen Quantentheorie verdanken. Der heutige Tag soll uns der Anlaß sein, die Geschichte einer der denkwürdigsten Entdeckungen unserer Wissenschaft und ihre fruchtbare Entfaltung vor unserem geistigen Auge vorüberziehen zu lassen. Planck selbst hat vor etwa einem Jahr eine Darstellung[9] der Geschichte seiner Entdeckung gegeben, so daß wir für den ersten Teil des Vortrages viele Einzelheiten aus Plancks eigener Darstellung kennen.

I. In den 80er Jahren des vorigen Jahrhunderts, zu der Zeit, als Max Planck seine ersten physikalischen Arbeiten veröffentlichte, hatten gerade zwei große Teilgebiete der Physik ihre Vollendung gefunden. Die Maxwellsche Theorie der elektrischen Erscheinungen hatte durch die Entdeckung der elektromagnetischen Wellen ihre entscheidende Bestätigung erfahren und mußte von da ab als die endgültige mathematische Formulierung dieser Phänomene gelten. Die Wärmelehre war,

---

Die Zahlen [1]) [2]) usw. beziehen sich auf das Literaturverzeichnis am Ende der Arbeit.

insofern sie nur eine mathematisch faßbare Beschreibung der Wärmevorgänge anstrebt, schon durch Clausius auf das feste Fundament der beiden Hauptsätze gegründet worden. Boltzmann und Gibbs hatten eine Deutung dieser beschreibenden thermodynamischen Gesetze auf atomtheoretischer Grundlage gegeben. Wenn man die Wärme als Bewegung der kleinsten Teile eines Stoffes auffaßt, so konnte der zweite Hauptsatz der Wärmelehre nach Boltzmann und Gibbs einfach als Ausdruck der Tatsache gelten, daß in einem so komplizierten mechanischen System ein geordneter Zustand stets die Tendenz hat, in einen weniger geordneten überzugehen.

Auf der Grundlage dieser beiden Theorien von Elektrizität und Wärme sollte es nun möglich sein, ein Problem zu lösen, das zuerst Kirchhoff in aller Schärfe gestellt hatte. Wir wissen, daß ein erhitzter Körper Strahlen aussendet; bei geringeren Temperaturen Wärmestrahlen; bei höherer Erhitzung wird er glühend und sendet rotes, schließlich weißes Licht aus. Die Farbe oder genauer, die spektrale Zusammensetzung des Lichtes hängt von der Temperatur und von den Eigenschaften des Stoffes ab. Kirchhoff hatte aber schon gefunden, daß die Strahlung, die sich in einem abgeschlossenen Hohlraum ausbildet, nicht mehr von den Eigenschaften der Wände, sondern nur noch von der Temperatur abhängt. Damit war die Aufgabe gestellt, die spektrale Zusammensetzung der Hohlraumstrahlung, die offenbar gewissermaßen der einfachste Grundtypus der Wärmestrahlung war, theoretisch abzuleiten. Kirchhoff hatte diese Aufgabe nicht selbst lösen können; aber mit der endgültigen Formulierung der Elektrizitätslehre und der Wärmelehre schienen in der Zeit nach 1880 alle Voraussetzungen für die Lösung des Problems gegeben. Die auf Grund dieser beiden Theorien konsequente Antwort wurde dann auch bald durch Rayleigh und Jeans[10] gefunden, aber sie erwies sich empirisch als falsch.

Bei dieser Sachlage begann Planck, sich mit dem Problem der Wärmestrahlung zu beschäftigen, und hierbei kam ihm von Anfang an ein glücklicher Umstand zu Hilfe; nämlich die Tatsache, daß — wenn ich es etwas überspitzt ausdrücken darf — ihm das wunderbar feste, in sich geschlossene Gebäude der Boltzmann-Gibbs'schen statistischen Mechanik zunächst fremd geblieben war. Planck hatte sich schon in seiner Dissertation mit dem Begriff der Entropie befaßt und war von der fundamentalen Bedeutung dieser Größe so durchdrungen, daß es ihm — wie er selbst in der Schilderung seiner Entdeckung schreibt — widerstrebte, den zweiten Hauptsatz nur als statistisches Gesetz aufzufassen. Wäre Planck von der statistischen Mechanik ausgegangen, so hätte er sich wohl bald von der Zwangsläufigkeit des empirisch falschen Rayleigh-Jeans'schen Gesetzes überzeugt und hätte vielleicht das Problem als hoffnungslos aufgegeben. Sicher lassen sich in der Geschichte der Wissenschaft noch manche anderen Fälle aufzählen, in denen die allzu gründliche Kenntnis einer Gruppe von richtigen Gedankengängen einen fruchtbaren Weg der Forschung versperrt hätte, und vielleicht macht eben diese Unbeschwertheit zum Teil in der Wissenschaft die Kraft der Jugend aus. — So aber schien sich also Planck ein direkter Weg zur Lösung des Problems zu bieten. Planck wollte die Ausstrahlung eines atomaren elektrischen Resonators untersuchen, der hier als das einfachste Modell eines strahlenden Atoms dienen sollte; Planck vermutete, daß diese Ausstrahlung ein irreversibler Prozeß sei, der im Endeffekt zwangsläufig zur gesuchten Strahlungsverteilung im Hohlraum führen mußte. Dieser Weg scheint allerdings, wenn man ihn nachträglich kritisch betrachtet, kaum Vorteile gegenüber dem direkten Weg von Rayleigh und Jeans zu bieten; denn das Problem der Hohlraumstrahlung wurde durch diese Überlegung nur zurückgeführt auf die Frage nach der Entropie des Resonators, und diese Entropie wiederum war durch die statistische Mechanik eindeutig festgelegt — bei konsequenter Rechnung mußte sich also wieder das falsche Resultat von Rayleigh und Jeans ergeben, wie man auch durch eine einfache Rechnung leicht bestätigen kann. Für Planck jedoch, der sich mit der statistischen Seite des Problems zunächst nicht befaßt hatte, war die Entropie des Oszillators keine fest gegebene Größe, vielmehr galt es, diese Größe im Zusammenhang mit den Experimenten empirisch zu ermitteln.

Damals, gegen Ende der 90er Jahre, hatte Wien[11] eine empirische Formel für die spektrale Verteilung der Wärmestrahlung aufgestellt, die in einem weiten Bereich zu den Experimenten zu passen schien. Planck berechnete die zugehörige Formel für die Entropie des Resonators und die für die irreversiblen Prozesse wichtige zweite Ableitung der Entropie nach der Energie. Damit schien das Problem soweit befriedigend gelöst, Planck selbst glaubte auch, die Formel für die Entropie in gewisser Weise plausibel machen zu können. Dann aber zeigten neuere Experimente von Lummer und Pringsheim[12], daß die Wiensche Formel nicht richtig sein konnte, und kurz darauf im Jahr 1900 stellte sich aus genauen Messungen von Kurlbaum und Rubens[13] heraus, daß bei langen Wellen die spektrale Intensität einfach der Temperatur proportional wird — ein Resultat, welches übrigens auch aus der sonst falschen Formel von Rayleigh und Jeans folgt. Dieses Ergebnis, das Planck sofort in eine Aussage über die Resonatorentropie umdeuten konnte, veranlaßte Planck, eine Interpolationsformel zu versuchen, die bei langen Wellen den Erfahrungen von Kurlbaum und Rubens entsprach und bei kurzen Wellen in das Wiensche Gesetz überging. Es half hierbei nun wieder ein glücklicher Umstand mit, daß nämlich die Interpolation gerade bei dem Ausdruck für den zweiten Differentialquotienten der Entropie eine besonders einfache Form erhält. So entstand das Plancksche Strahlungsgesetz, das die Experimente, wie sich seither gezeigt hat, mit der größten Genauigkeit darstellt.

Aber nun stand Planck erst vor dem schwersten Teil der Aufgabe: die empirisch gefundene Formel für die Entropie des Resonators mußte physikalisch begründet werden. Erst an dieser Stelle sah sich Planck gezwungen, zur statistischen Betrachtungsweise überzugehen, weil es eben dem Wesen der Entropie nach eine andere Ableitung gar nicht geben konnte. Damit nun eine Berechnung dieser Größe durch die einfache Abzählung von Möglichkeiten gegeben werden konnte, war es nötig, die Energie des Resonators zunächst einmal in diskrete Intervalle einzuteilen, und nichts lag näher, als eine Einteilung in gleichgroße diskrete Intervalle zugrunde zu legen, deren Größe man natürlich später gegen Null konvergieren lassen wollte. Es war nun wieder ein besonders glücklicher Zufall, daß diese Einteilung in diskrete gleiche Intervalle gerade das Richtige traf, und man erkennt hier wieder ein Beispiel dafür, wie „sich Verdienst und Glück verketten". Denn wunderbarerweise stellte sich nun heraus, daß man durch die genannte Abzählung tatsächlich genau die richtige Entropieformel erhielt, und zwar entgegen aller Erwartung gerade dann, wenn man die diskreten Energieintervalle nicht zu Null konvergieren läßt, sondern ihnen einen bestimmten endlichen Betrag läßt; einen Betrag, der sich von der Frequenz des Resonators um einen bestimmten Faktor, das sogenannte Plancksche Wirkungsquantum unterscheidet.

II. Damit war das Wirkungsquantum zum erstenmal in der Physik aufgetreten, und zwar zunächst in einer Aussage über die physikalisch damals völlig unverständlichen diskreten Energiestufen des Resonators. Aber es war noch ein weiterer wichtiger Schritt getan: Planck hatte hier — beinahe könnte man sagen: entgegen seiner ursprünglichen Absicht — gerade mit der statistischen Betrachtung der Wärmevorgänge zum erstenmal völlig ernst gemacht. Selbst Boltzmann hatte wohl immer noch halb und halb mit der Möglichkeit gerechnet, daß die Atome nur mechanische Modelle zur Deutung der thermodynamischen Erscheinungen seien, nicht echte Realitäten; die wirkliche Größe der Atome hat er deshalb immer offen gelassen. Jetzt aber ergab sich, da man ja die Abzählung an den als Resonator gedachten einzelnen Atomen vornahm, eine ganz bestimmte Größe der Atome. Die Plancksche Formel lieferte den ersten genauen Wert für die sogenannte Loschmidtsche Zahl, die die Anzahl der Atome im Grammatom angibt. Erst seit Plancks Entdeckung wissen wir also genau, wie schwer ein Atom ist. An dieser Stelle lag der erste unbestreitbare, große Erfolg der Planckschen Theorie.

Aber an allen anderen Stellen schien es zunächst nur Schwierigkeiten zu geben. Die These, daß die Energie des Resonators stets ein ganzzahliges Vielfaches einer Grundeinheit sei, war so unverständlich, daß sie einstweilen nur als Fremdkörper in dem sonst so schönen Gebäude der klassischen Physik erschien. Deshalb hat Planck sich lange Zeit bemüht, den Widerspruch zur klassischen Theorie durch Zusatzannahmen zu mildern, aber, wie sich später zeigte, ohne Erfolg. Die großen Erfolge der Quantentheorie stellten sich im Gegenteil erst ein, als man gerade diesen Widerspruch sozusagen zum Kernstück der neuen Lehre machte.

An erster Stelle müssen hier die Erscheinungen beim lichtelektrischen Effekt genannt werden, die etwa von 1900 bis 1903 experimentell genauestens untersucht worden waren[14]. Einige Jahre nach dem Abschluß dieser Untersuchungen wurde gefunden, daß die Experimente durch die Plancksche These von den Energiequanten eine überraschend einfache Deutung erhielten[4], freilich eine Deutung, die wieder im Rahmen der klassischen Theorie völlig unverständlich schien. Man mußte nämlich annehmen, daß die Energiequanten als Strahlung in den Raum hinauswandern und ihre Energie dazu verwenden können, Elektronen aus festen Körpern herauszuschlagen. Ein zweiter wichtiger Erfolg wurde erzielt, als man die Plancksche Theorie des Oszillators auf die Schwingungen eines festen Körpers übertrug. Dabei ergab sich eine empirisch sehr befriedigende Theorie der spezifischen Wärme fester Körper[15, 16]. Durch diese Erfolge war nun zwar erwiesen, daß die Plancksche These von den Energiequanten offenbar einen erheblichen Teil der Wahrheit enthielt; aber diese These war dadurch doch um nichts verständlicher geworden. So hatte sich etwa um das Jahr 1910 bei den Physikern die Überzeugung gebildet, daß die Quantenhypothese wohl in irgendeiner Weise der Schlüssel zum geheimnisvollen Reich der Atomphysik sein müsse, aber doch ein Schlüssel, der zwar gelegentlich an unerwarteten Stellen Tore in ein Neuland öffnen konnte, der aber einstweilen kein allgemeines Prinzip zu seinem Gebrauch verriet. So schrieb z. B. Sommerfeld[17] damals, nachdem er kurz vorher von der Relativitätstheorie gesprochen hatte: „Ganz anders aktuell und problematisch ist die Theorie der Energiequanten oder, wie ich lieber sage, die Theorie des Wirkungsquantums. Hier sind die Grundbegriffe noch im Fluß und die Probleme ungezählt." „Zweifellos befinden sich unsere theoretischen Anschauungen über Energieverteilung, Energieemission und -absorption zur Zeit in einem etwas dunkeln Übergangsstadium. Der wissenschaftliche Optimismus, das Grundprinzip jedes Fortschritts, verpflichtet uns aber, daran zu glauben, daß die Dunkelheit in nicht zu ferner Zeit weichen möge und die physikalischen Grundprinzipien dann in um so hellerem Licht vor unseren Augen liegen werden."

Da geschah im Jahre 1913 der Einbruch in ein Neuland von ungeahnter Ausdehnung. Rutherford hatte auf Grund seiner Beobachtungen an radioaktiven Erscheinungen sein Atommodell aufgestellt und Bohr[5] brachte die Stabilität des Atoms in Verbindung mit der Planckschen Quantenhypothese. Bohrs These, daß alle Atome ähnlich wie der Plancksche Resonator nur in diskreten stationären Zuständen für längere Zeit existieren können, erwies sich bald als das entscheidende Grundgesetz der Atomphysik, von dem aus in wenigen Jahren der Weg gebahnt werden konnte bis zu einem qualitativen Verständnis der chemischen Eigenschaften der Elemente. An der grundlegenden Bedeutung des Planckschen Wirkungsquantums für alle atomaren Erscheinungen war von diesen Erfolgen ab nicht mehr zu zweifeln. Es hatte den Anschein, als ob die Bewegungen der Elektronen in den Atomen ganz allgemein nicht durch die Gesetze der Mechanik bestimmt würden, sondern durch die Regeln einer durch das Wirkungsquantum irgendwie modifizierten Mechanik. Freilich war die Modifikation der Mechanik durch die von Bohr und Sommerfeld aufgestellten Quantenbedingungen noch nicht befriedigend beschrieben. Aber aus der Fülle der Erfolge beim Verständnis der Linienspektren der Elemente wurde jedenfalls klar, daß eine so modifizierte Theorie die Verhältnisse im Atom qualitativ richtig darstellte; die quantitativ richtige Formulierung mußte aber noch gesucht werden.

Die mathematische Fassung der Quantengesetze ist dann erst 1925 durch den Ausbau des Bohrschen Korrespondenzprinzips gefunden worden[18], und etwa ein halbes Jahr später gelangte Schrödinger[19] auf einem ganz anderen Weg zu der gleichen Gruppe von Naturgesetzen, die man jetzt je nach ihrer Ableitung als Quanten- oder Wellenmechanik bezeichnet. Der Weg, auf dem Schrödinger vorgegangen war, ist deswegen besonders lehrreich, weil er eine neue physikalische Bedeutung des Wirkungsquantums sichtbar macht.

Schon 1924 hatte de Broglie einen Gedanken aus dem Jahre 1906 aufgegriffen und in einer neuen, kühnen Hypothese fruchtbar gemacht. Damals, in den ersten Jahren der Quantentheorie, war ja die Vorstellung entwickelt worden, daß man das Licht auch auffassen könnte als die Bewegung schnell fliegender Korpuskeln, eben der Planckschen Energiequanten[4]. Man gebrauchte also nebeneinander zwei ganz verschiedene anschauliche Beschreibungen: das Licht als Wellenbewegung, und als Regen schnellfliegender Teilchen, ohne allerdings diesem Dualismus irgendeinen inneren Zusammenhang geben zu können. de Broglie übertrug diesen Gedanken von den zwei Beschreibungsweisen kühn auf materielle Teilchen, z. B. auf die Elektronen, und wagte die These, daß auch die Elektronen als Wellen mit Beugungserscheinungen auftreten könnten. Die Beziehung zwischen der Energie der fliegenden Teilchen und der Frequenz der zugeordneten Wellenbewegung wird wieder durch die Plancksche Konstante hergestellt. Diese de Brogliesche These ist erst einige Jahre später experimentell bestätigt worden, nachdem inzwischen Schrödinger gezeigt hatte, daß von dieser These ein direkter Weg zu den exakten Quantengesetzen führt.

Man kann an dieser Stelle einmal die Frage aufwerfen, ob das Plancksche Wirkungsquantum vielleicht auch auf einem ganz anderen Wege hätte gefunden werden können. Da kann man sich nun in der Tat vorstellen, daß die Physiker, die den Durchgang von Kathodenstrahlen durch Materie untersuchten, etwa schon sehr früh, vielleicht vor 1900, die Beugung der Materiewellen entdeckt hätten. Wie hätte sich dann die Physik entwickelt? Eine solche Frage kann man natürlich nicht zuverlässig beantworten; aber jedenfalls hätte man den merkwürdigen Dualismus von Wellen und Teilchen dann sehr früh bemerkt, und das Wirkungsquantum wäre als die neue Konstante erschienen, die die Beziehung zwischen den beiden so verschiedenartigen anschaulichen Vorstellungen festlegt. Auch hätte man dann wohl sofort bemerkt, daß uns hier ein Naturphänomen entgegentritt, dem nichts Vergleichbares in der klassischen Physik an die Seite gesetzt werden kann, ein Phänomen, das eine anschauliche Beschreibung im eigentlichen Sinne überhaupt nicht zuläßt. Die Plancksche Konstante wäre von vornherein als das Symbol dieses unanschaulichen Zuges der Natur erschienen.

So aber, da die Entwicklung in Wirklichkeit anders verlaufen ist, waren noch einige Jahre der erkenntnistheoretischen Klärung notwendig, die Zeit von 1926 bis 1929, bis man die Bedeutung der Planckschen Konstante begrifflich richtig fassen konnte. Auf die Einzelheiten dieser Deutung kann ich im Rahmen dieses Vortrages nicht eingehen. Wir können heute etwa sagen, daß die Plancksche Konstante eine klar beschreibbare Grenze für den Gebrauch der anschaulichen klassischen Begriffe festlegt, und zwar aller derartiger Begriffe, und daß sie einen ganz andersartigen, unanschaulichen Zusammenhang konstituiert, der wieder allen physikalischen Phänomenen gemeinsam ist und der bei Vorgängen an den kleinsten atomaren Teilchen deutlich in Erscheinung tritt.

III. Damit komme ich zu der Frage nach dem Rang, der der Planckschen Konstante zukommt. Das Wirkungsquantum ist eine universelle Naturkonstante; aber es gibt ja viele solche Konstanten: etwa die Ladung oder die Masse des Elektrons oder das magnetische Moment des Neutrons oder die Gravitationskonstante. Wie steht es mit der Wichtigkeit der Planckschen im Vergleich zu den anderen universellen Konstanten? Die Masse des Elektrons etwa ist eine Eigenschaft dieses einen Elementarteilchens; es gibt andere Teilchen mit anderen Massen; auch könnten wir uns gut vorstellen, daß etwa die Masse des Elektrons einen anderen Wert hätte, ohne daß deswegen etwa an den Kräften im Atomkern etwas zu ändern wäre. Die Plancksche Konstante dagegen bezeichnet nicht die Eigenschaft eines speziellen Dings, sondern eine Eigenschaft aller Naturgesetze. Es wäre nicht denkbar, daß die Plancksche Konstante etwa für die Mechanik der Elektronen einen anderen Wert hätte als für die Mechanik der Atomkerne; denn dann würden logische Widersprüche auftreten bei dem Versuch, die mechanischen Vorgänge zu verfolgen, die sich bei der Wechselwirkung von Elektronen und Atomkernen abspielen. Die Plancksche Konstante bezeichnet, so kann man es auch ausdrücken, einen allgemeinen Sachverhalt in unserer Beschreibung der Natur, der nicht an irgendwelche einzelnen Gegenstände dieser Beschreibung gebunden ist.

Nur eine andere Naturkonstante kann in dieser Beziehung mit der Planckschen noch verglichen werden: die Lichtgeschwindigkeit. Diese Konstante bezeichnet ja auch nicht nur die Fortpflanzungsgeschwindigkeit eines bestimmten Vorgangs, der gleichberechtigt neben anderen, etwa der Schallausbreitung, stünde; sondern seit der Relativitätstheorie wissen wir, daß die Lichtgeschwindigkeit etwas für die Beziehung zwischen Raum und Zeit bedeutet. Daher müssen alle Naturgesetze gewisse Invarianzeigenschaften aufweisen, in denen die Lichtgeschwindigkeit als die charakteristische Konstante erscheint. Auch hier handelt es sich also nicht um eine Eigenschaft eines bestimmten Dings oder Phänomens, sondern um eine Forderung für alle Naturgesetze.

Die Plancksche Konstante und die Lichtgeschwindigkeit zeichnen sich also vor allen anderen universellen Naturkonstanten dadurch aus, daß sie ganz allgemeine Strukturen der Natur oder richtiger unserer Naturbeschreibung festlegen; Strukturen etwa vom Typus einer Invarianzforderung. Diese beiden Konstanten bestimmen dadurch, wenn man so will, den Maßstab der Welt. Es ist daher auch kein Zufall und auch kein unbefriedigender Zug unserer Naturbeschreibung, wenn die gewöhnliche Anschauung versagt bei einer Ausdehnung des Erfahrungsbereichs in Gebiete, in denen die Dimensionen der studierten Vorgänge den Konstanten vergleichbar werden, d. h. wenn es sich um Geschwindigkeiten von der Ordnung der Lichtgeschwindigkeit oder um Wirkungen der Ordnung der Planckschen Konstante handelt. In diesen Gebieten muß die Natur ganz anders aussehen als im Bereich der alltäglichen Erfahrung.

Man kann hier vielleicht die Frage aufwerfen, ob diese beiden Konstanten die einzigen ihrer Art bleiben werden. Einstweilen kennen wir zwar keine andere Konstante von ähnlich allgemeiner Bedeutung. Aber solche Konstanten sollten ja letzten Endes den Maßstab der Welt festlegen, und man kann sich leicht überlegen, daß die beiden bisherigen Grundkonstanten zur vollständigen Bestimmung der Größenverhältnisse in der Welt nicht genügen. Z. B. kann die Masse des Elektrons sicher auch in Zukunft nicht aus den beiden Konstanten berechnet werden, einfach weil sich dimensionsmäßig aus den beiden Konstanten keine Größe von der Dimension einer Masse bilden läßt. Zur vollständigen Bestimmung der Größenverhältnisse in der Welt ist also noch mindestens eine weitere Konstante notwendig[2], die die Dimension etwa einer Länge oder einer Masse oder einer Energie haben kann. Wenn noch eine derartige Grundkonstante etwa von der Dimension einer Länge existiert, so kann man sich vorstellen, daß eine zukünftige Theorie mit Hilfe der drei Grundkonstanten alle übrigen universellen Konstanten, z. B. die Masse des Elektrons, zu berechnen gestattet. Wenn man diese dritte Konstante, über deren physikalischen Charakter bisher fast nichts bekannt ist, als Länge annimmt, so sollte sie nach den heutigen Kenntnissen der Atomphysik etwa einen Wert von der Ordnung: ein Billionstel Millimeter besitzen und würde anschaulich eine untere Grenze für die Anwendung der üblichen geometrischen Begriffe bezeichnen. Aber man muß hervorheben, daß man einstweilen diese Konstante gar nicht sinnvoll einführen kann, weil noch kein Naturgesetz mathematisch scharf formuliert werden konnte, in dem die Konstante vorkommt. Vielleicht werden wieder einige Jahrzehnte nötig sein, um herauszufinden, was es mit dieser Konstanten für eine Bewandtnis hat, ähnlich wie ja auch die ersten drei Jahrzehnte dieses Jahrhunderts notwendig waren, um das Wesen der Planckschen Konstante wirklich zu verstehen. Die Existenz der Quantentheorie und der Relativitätstheorie weist uns also hier auf eine zukünftige Entwicklung der Physik hin, von der bisher in den neuesten Erfahrungen bei den Elementarteilchen nur die ersten Anfänge zu erkennen sind.

IV. Wenn in dieser Weise über die zukünftige Entwicklung unserer Wissenschaft gesprochen wird, so wird dabei vorausgesetzt, daß die Quantentheorie im eigentlichen Sinne schon abgeschlossen sei, daß wir also hier zu einer endgültigen Beantwortung der durch die Natur gestellten Fragen vorgedrungen seien. Aber hierüber sind sich die Physiker im Augenblick noch gar nicht einig. So schließt z. B. Planck selbst seinen Bericht[9] über die Entdeckungsgeschichte des Wirkungsquantums mit den Worten: „Bei dem jetzigen Stand der Entwicklung läßt sich wohl noch nicht mit Sicherheit absehen, ob wir schon an einem endgültigen Haltepunkt angelangt sind, wie allerdings viele hervorragende Physiker annehmen. Ich gehöre nicht zu diesen, ich glaube vielmehr, daß es noch grundlegender, jetzt noch nicht deutlich vorauszusehender Änderungen in unserer physikalischen Begriffsbildung bedarf, ehe die Quantentheorie denselben Grad von Vollendung erreicht, wie er seinerzeit der klassischen Theorie eigen war.“ Auf die Frage, die hier durch Planck gestellt ist, möchte ich gerade heute, da der Schöpfer der Quantentheorie unter uns weilt, zum Schluß meines Vortrages noch eingehen.

Welchen Grad von Vollendung hatte denn die klassische Theorie erreicht? Zunächst hatte man ein System von Begriffen und Grundaxiomen, so wie sie etwa am Anfang der „Principia“ von Newton stehen, und als Folge oder formale Ausgestaltung dieses Systems ein in sich geschlossenes mathematisches Gebäude, das gestattete, den Ablauf eines Vorgangs oder das Ergebnis eines Experiments vorherzusagen, wenn der Vorgang mit den betreffenden Begriffen beschrieben werden konnte. So konnte etwa der Lauf der Gestirne vorausberechnet werden, oder die Wirkungsweise eines Elektromotors konnte schon vor seiner Herstellung vorhergesagt werden. Nun war es ja von vornherein klar, daß mit einem bestimmten System von Begriffen nicht alle Naturvorgänge adäquat beschrieben werden können. Z. B. waren die Begriffe der Newtonschen Mechanik nicht geeignet zur Beschreibung magnetischer Wirkungen. Man mußte also stets mit der Erweiterung der bisherigen Begriffe und insbesondere mit dem Auftreten ganz neuer Begriffe rechnen, die damit zur Erschließung eines neuen Gebiets der Physik führen konnten. Aber die klassische Physik ging stillschweigend von der

Voraussetzung aus, daß gewisse Begriffe in ihr ein für allemal das Fundament der Naturbeschreibung bilden müßten und keiner Abänderung fähig wären; diese Begriffe waren: Raum und Zeit der Anschauung, und die Vorstellung einer objektiven, von unserer Beobachtung völlig unabhängigen Welt, die in Raum und Zeit nach festen Gesetzen, also streng determiniert abläuft. Wenn Planck von der hohen Vollendung spricht, die der klassischen Physik eigen war, so meint er eben diesen festen Rahmen der Grundbegriffe der klassischen Physik, der für alle Zeiten gegeben schien und in den alle bis zur Jahrhundertwende bekannten Teilgebiete der Physik sich von selbst einfügten.

Dieser Rahmen ist nun sicher durch die moderne Physik gesprengt worden, weder die Quantentheorie noch die Relativitätstheorie passen in ihn hinein, und man muß daher jetzt die Frage stellen, welche Gründe man für die Forderung anführen konnte, alle zukünftigen Gebiete der Physik sollten sich immer in diesen Rahmen einfügen lassen. Diese Gründe waren: einerseits die unmittelbar einleuchtende Anschaulichkeit und Einfachheit der genannten Grundbegriffe, dann die Kantsche Überlegung, daß diese Begriffe schon in die Voraussetzungen für jede Naturbeschreibung eingehen, daß sie, wie Kant sagt, „a priori" seien, und schließlich die mathematische Geschlossenheit der klassischen Theorien, die garantierte, daß das System ihrer Grundaxiome niemals zu Widersprüchen führen konnte. Aber aus den Erfahrungen der modernen Physik haben wir inzwischen gelernt, daß gerade die Geschlossenheit dieser Theorien eher ein Argument für die nur begrenzte Anwendbarkeit ihrer Grundbegriffe ist. Denn eine Theorie, die schon die Form eines mathematisch scharf faßbaren Axiomensystems angenommen hat, hat sich damit gewissermaßen schon von der Erfahrung gelöst und ein eigenes, selbständiges Leben erhalten. Ihre Begriffe sind durch das Axiomensystem implicite definiert, und wenn auch die Namen der Begriffe die Beziehung zur empirischen Welt herstellen, so bleibt es doch immer fraglich, wie eng diese Beziehung tatsächlich werden kann. Zwar kann man nun mit völliger Sicherheit sagen, daß etwa die Gesetze der klassischen Mechanik überall in Strenge gelten, wo ihre Begriffe angewendet werden können; aber damit ist im Grunde nur wenig behauptet, denn am Schluß bleibt dann nur die rein empirische Feststellung, daß tatsächlich ein weiter Bereich der Natur mit diesen Begriffen beschrieben werden kann. Aber man wird von vornherein gar nicht erwarten, daß etwa neue Erfahrungsbereiche in der Natur mit dem gleichen Begriffssystem dargestellt werden könnten.

Auch von den Grundbegriffen der klassischen Physik: „Raum, Zeit und objektive Wirklichkeit" glauben wir daher, daß sich diese Begriffe schon von der Erfahrung gelöst hatten, daß sie in der Präzision, die sie durch die Entwicklung der Physik bekommen hatten, nicht mehr empirisch begründet werden konnten, und daß daher ihr Ersatz durch andere, weitere Begriffe möglich und durch die neueren Erfahrungen notwendig geworden ist. Auch die Feststellung, daß die klassischen Grundbegriffe a priori und daher keiner Abänderung fähig seien, kann hier nicht als Einwand betrachtet werden; denn die Frage, wie weit man mit solchen a priori-Begriffen bei der Natur kommt, ist ja doch schließlich wieder eine empirische Frage.

Die Entwicklung der Quantentheorie seit der Planckschen Entdeckung hat uns daher letzten Endes zu einem neuen Bild einer vollendeten physikalischen Theorie geführt. Wir fordern nicht mehr, daß gewisse einfache Grundbegriffe, nämlich die der klassischen Physik, in jeder Theorie enthalten sein müßten; sondern wir fordern, daß die Theorie auf ein widerspruchsfreies System von Axiomen aufgebaut sein muß, und daß ihre Begriffe an die Erfahrungen so angeschlossen werden können, daß tatsächlich ein weiter Bereich von Erfahrungen durch die Theorie dargestellt werden kann. Die letzte Forderung kann freilich nur erfüllt werden, wenn eine Brücke von den Begriffen der neuen Theorie zu denen der klassischen Physik geschlagen werden kann, weil eben die klassische Physik zu unserer unmittelbaren Erfahrungswelt paßt. So enthalten etwa Quantentheorie und Relativitätstheorie die klassische Mechanik als Grenzfall. Aber die Grundbegriffe der klassischen Physik sind enger als die der neuen Theorien.

Wenn man nun noch einmal zu der Frage zurückkehrt, ob die Quantentheorie denselben Grad von Vollendung erreicht habe wie die klassischen Theorien, so muß man feststellen, daß die Quantentheorie dem vorhin erwähnten Kriterium standhält: sie läßt sich auf ein widerspruchsfreies System von Axiomen zurückführen, das zu weiten Erfahrungsbereichen paßt. Natürlich wird ihr Begriffssystem in einem späteren Zustand der Physik wieder zu eng werden und erweitert werden müssen, aber diese Begrenzung ist kein Mangel, sondern im Gegenteil gerade ein Zeichen ihrer Abgeschlossenheit und inneren Vollendung. Wenn also Planck mit Recht betont, daß die Quantentheorie nicht denselben Grad von Vollendung erreicht habe, wie er seinerzeit der klassischen Physik eigen *war*, oder sagen wir richtiger, eigen zu sein *schien*, so möchte ich umgekehrt hervorheben, daß sie doch schon jetzt den Grad von Vollendung besitzt, der der klassischen Physik auch heute noch zukommt.

Sie erkennen, daß es sich bei diesen Unterschieden nur um Nuancen handelt. Jedenfalls dürften sich alle Physiker darüber einig sein: daß die Plancksche Entdeckung seinerzeit den Weg zu einer ganz ungewöhnlich fruchtbaren Epoche der Physik gebahnt hat, daß die Quantentheorie für alle Zeiten ein integrierender Bestandteil der Physik bleiben wird, und daß die kommenden Generationen in unserer Wissenschaft doch auch dieses Gebiet wieder verlassen und von dem Begriffsgebäude der Quantentheorie zu noch weiteren, umfassenderen Beschreibungsweisen der Welt übergehen werden.

LITERATURVERZEICHNIS

[1] M. Planck, Sitz.Ber. d. Berl. Akad. d. Wiss. v. 21. 3. 1895 u. folg.

[2] M. Planck, Sitz.Ber. d. deutsch. phys. Gesellschaft **2**, 202, 1900.

[3] M. Planck, Sitz.Ber. d. deutsch. phys. Gesellschaft **2**, 240, 1900.

[4] Ann. d. Phys. **17**, 132, 145, 1905; **20**, 199, 1906.

[5] N. Bohr, Phil. Mag. **26**, 1, 1913.

[6] A. Sommerfeld, Münchener Ber. 1915, S. 425 u. 439.

[7] W. Heisenberg, Zs. f. Phys. **43**, 177, 1927.

[8] N. Bohr, Naturw. **16**, 245, 1928.

[9] M. Planck, Naturwissenschaften **31**, 153, 1943.

[10] Lord Rayleigh, Phil. Mag. **49**, 539, 1900; J. H. Jeans, Phil. Mag. **10**, 91, 1905.

[11] W. Wien, Ann. d. Phys. (3) **58**, 662, 1896.

[12] O. Lummer u. E. Pringsheim, Sitz.Ber. d. deutsch. phys. Gesellsch. **2**, 163, 1900.

[13] F. Kurlbaum, u. H. Rubens, Sitz.Ber. d. deutsch. phys. Gesellschaft vom 19. 10. 1900.

[14] P. Lenard, Ann. d. Phys. **8**, 169, 1902.

[15] Ann. d. Phys. **22**, 180, 1907.

[16] P. Debye, Phys. Zs. **14**, 259, 1913.

[17] A. Sommerfeld, Phys. Zs. **12**, 1057, 1911.

[18] W. Heisenberg, Zs. f. Phys. **33**, 879, 1925; M. Born u. P. Jordan, ebenda **34**, 858, 1925; P. A. M. Dirac, Proc. Roy. Soc. Lond. **109**, 642, 1925.

[19] E. Schrödinger, Ann. d. Phys. **79**, 361, 489, 734, 1926.

[20] L. de Broglie, Ann. de Phys. (10) **3**, 22, 1925 (Thèse, Paris 1924).

[21] W. Heisenberg, Ann. d. Phys. **32**, 20, 1938.

FSC
www.fsc.org
MIX
Papier | Fördert gute Waldnutzung
FSC® C083411

Kolibri 360 GmbH
Ferdinand-Jühlke-Straße 7
99095 Erfurt, Deutschland
produktsicherheit@kolibri360.de